BEI GRIN MACHT SICH IHR WISSEN BEZAHLT

- Wir veröffentlichen Ihre Hausarbeit, Bachelor- und Masterarbeit

- Ihr eigenes eBook und Buch - weltweit in allen wichtigen Shops

- Verdienen Sie an jedem Verkauf

Jetzt bei www.GRIN.com hochladen und kostenlos publizieren

Bibliografische Information der Deutschen Nationalbibliothek:

Die Deutsche Bibliothek verzeichnet diese Publikation in der Deutschen National-
bibliografie; detaillierte bibliografische Daten sind im Internet über http://dnb.d-
nb.de/ abrufbar.

Impressum:

Copyright © 2000 GRIN Verlag, Open Publishing GmbH
Druck und Bindung: Books on Demand GmbH, Norderstedt Germany
ISBN: 9783640865123

Dieses Buch bei GRIN:

http://www.grin.com/de/e-book/5291/die-auswirkungen-der-rodungen-tropischer-
regenwaelder-auf-den-landschaftshaushalt

Marc Oliver Kersting

Die Auswirkungen der Rodungen tropischer Regenwälder auf den Landschaftshaushalt

GRIN Verlag

GRIN - Your knowledge has value

Der GRIN Verlag publiziert seit 1998 wissenschaftliche Arbeiten von Studenten, Hochschullehrern und anderen Akademikern als eBook und gedrucktes Buch. Die Verlagswebsite www.grin.com ist die ideale Plattform zur Veröffentlichung von Hausarbeiten, Abschlussarbeiten, wissenschaftlichen Aufsätzen, Dissertationen und Fachbüchern.

Besuchen Sie uns im Internet:

http://www.grin.com/

http://www.facebook.com/grincom

http://www.twitter.com/grin_com

Eberhard-Karls-Universität Tübingen
Geographisches Institut
Seminar: Geoökologie der Tropen und Subtropen

Die Auswirkungen der Rodungen tropischer Regenwälder auf den Landschaftshaushalt

Vorgelegt von:
Marc Oliver Kersting
6. Fachsemester (MA)

Inhaltsverzeichnis

Verzeichnis der Abbildungen und Tabellen

Abbildungen im Anhang

1 Einleitung

Die Vielfalt in den tropischen Regenwäldern scheint auf den ersten Blick unermeßlich zu sein. Der Artenreichtum sowohl der Flora als auch der Fauna scheint beliebig erweiterbar. Bereits Alexander von Humboldt bemerkte als er mit Bonpland im Amazonasgebiet Venezuelas im Jahr 1799 unterwegs war:

> *„Wie die Narren laufen wir bisher umher,... Bonpland versichert, daß er von Sinnen kommen werde, wenn die Wunder nicht bald aufhören. Aber schöner noch als all diese Wunder im einzelnen ist der Eindruck, den das Ganze dieser kraftvollen, üppigen und doch dabei so leichten, erheiternden, milden Pflanzennatur macht. Ich fühle es, daß ich hier sehr glücklich sein werde und daß diese Eindrücke mich auch künftig noch oft erheitern werden."* (OroVerde 1995, S.17.)[1]

Diese Arbeit soll sich mit den Auswirkungen der Rodungen von Regenwäldern auf den Landschaftshaushalt beschäftigen.

Bereits in Kapitel zwei wird vom Zustand des gerodeten Waldes ausgegangen, um die Auswirkungen auf die Geofraktoren Klima, Böden und Vegetation zu beschreiben. Zur Verdeutlichung der Auswirkungen und zum besseren Verständnis wird auch das intakte Ökosystem tropischer Regenwald in seinen Grundzügen beschrieben. Ein besonderer Schwerpunkt ist die für Klimaänderungen wichtige Albedo. Die Auswirkungen sollen dabei auf lokaler und globaler Ebene betrachtet werden. Im Ansatz erfolgt auch die Darstellung der Grundlagen des Ökosystems tropischer Regenwald. Dabei ist es wichtig, die Verzahnung der einzelnen Faktoren und ihre gegenseitige Wirksamkeit zu beachten, auch wenn dies der Übersichtlichkeit dieser Arbeit nicht immer förderlich ist.

In Kapitel drei wird auf die Ursachen für die Rodungen der tropischen Regenwälder eingegangen werden. Dabei werden die wichtigsten Ursachen wie z.B. Holzbau, Bodenschätze, Ackerbau und Siedlungsdruck betrachtet und Lösungsansätze vorgestellt. Im Anhang befinden sich einige ergänzende Abbildungen zur Veranschaulichung des Ökosystems Regenwald.

---

[1] zur Zitierweise: Wörtliche Wiedergaben sind mit Seitenzahl versehen, sinngemäße Wiedergaben ohne Seitenzahl, da es sich zumeist um Zusammenfassungen aus mehreren Kapiteln handelt.

2 Auswirkungen der Rodungen tropischer Regenwälder auf den Landschaftshaushalt

Durch die Rodung der Regenwälder kommt es zu einem Vegetationsverlust, einer Vegetationsvereinfachung oder zu einer Degradierung der Wälder. Damit werden die physikalischen Parameter der Erdoberfläche beeinflußt. Die Degradierung spielt bei der Veränderung der Oberflächeneigenschaften eine untergeordnete Rolle. Die Ableitung von Klimaeffekten erfolgt mit Hilfe von Rechenmodellen, die von einer völligen Rodung einer Region der Erde ausgehen. Dies ist erforderlich, um die Auswirkungen auf das Klima durch die Überschreibung natürlicher Fluktuationen zu verdeutlichen (Baaden 1994). Zu beachten ist dabei allerdings, daß Klimaänderungen im allgemeinen nur stochastisch, d.h. mittels nicht geschlossen lösbarer Gleichungen (undeterminiert) beschreibbar sind (allgemein als Chaos-Theorie bekannt). Aus diesen Voraussetzungen ergeben sich Ungenauigkeiten, die im Ergebnis selbst völlig Konträres zulassen.

2.1 Übersicht über die Auswirkungen der Rodungen

Am Anfang dieses Kapitels steht eine kurze Übersicht der Auswirkungen von Rodungen tropischer Regenwälder. Im Anschluß daran soll auf die verschiedenen Aspekte im Einzelnen eingegangen werden.

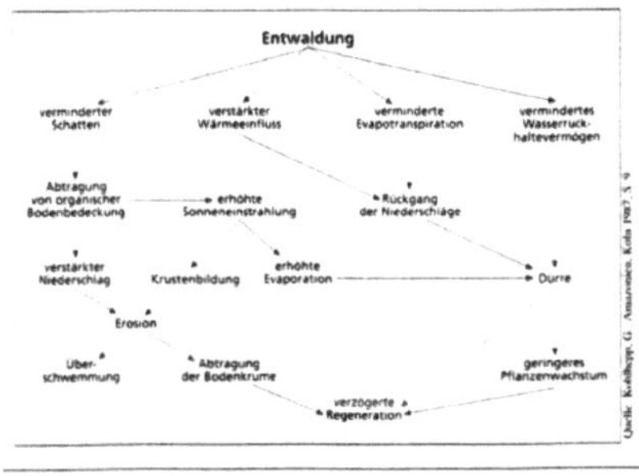

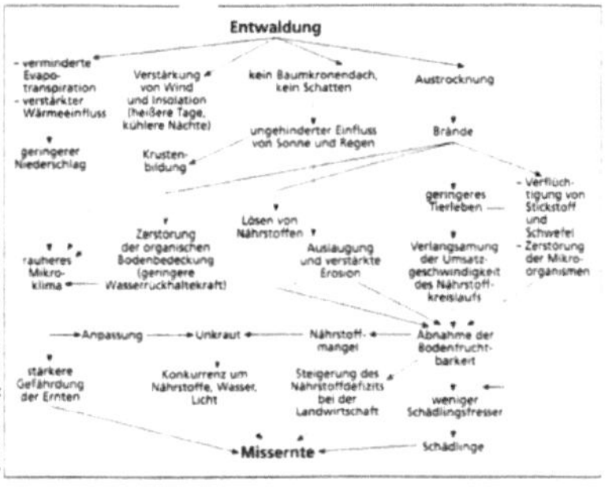

Abb. 1 und 2: Quelle: Kohlhepp 1987, S. 9.

Abbildung 1 stellt den Zusammenhang zwischen Entwaldung und Umweltschäden her, während Abbildung 2 den Zusammenhang zwischen Entwaldung und den Folgen für die Landwirtschaft darstellt. Wie aus diesen Abbildungen zu sehen ist, sind die Auswirkungen der Rodungen sehr vielschichtig. Die Auswirkungen der Rodung beeinflussen sich gegenseitig, daß heißt sie können sich verstärken oder abschwächen. Im folgenden sollen die Auswirkungen auf die einzelnen Geofaktoren Klima, Böden und Vegetation aus Gründen der Übersichtlichkeit getrennt betrachtet werden.

2.2 Lokale und Regionale Auswirkungen der Rodungen

2.2.1 Die Abhängigkeit der Auswirkungen von der Größe der Rodungen

Um die Auswirkungen der Rodungen tropischer Regenwälder richtig zu beschreiben, ist es wichtig, auf die Größe der Rodungen einzugehen. Weiß (1991) geht davon aus, daß sich erst ab eine Größe von mehr als einem Quadratkilometer Änderungen auf den Landschaftshaushalt ergeben. Bei Rodungen unterhalb dieses Größenbereichs können die Auswirkungen auf das Klima und auf die Böden vom Ökosystem absorbiert werden. Allerdings kann auch das nur geschehen, wenn die Restbestände an Regenwald groß genug sind. Ansonsten entsteht eine Inselwirkung (Viele kleine Rodungen in geringem Abstand wirken wie eine Große).

Bei kleineren Rodungen, wie sie vor allem durch den Brandrodungswanderfeldbau (shifting cultivation) der indigenen Bevölkerung entstehen, können keine Änderungen im Landschaftshaushalt bezüglich des Klimas festgestellt werden. Die Rodungen für den Brandrodungswanderfeldbau betragen im Durchschnitt ¼ bis ½ ha, dies entspricht einer Fläche von 2500 – 5000 m^2 (Weischet 1980).

2.2.2 Auswirkungen auf das Klima

Die Auswirkungen von Rodungen auf das Klima sind, wenn man die klimatischen Bedingungen im gerodeten und intaktem Regenwald vergleicht, drastisch. Der Energiehaushalt der Kontinente wird neben anderen Faktoren auch durch die

Albedo beeinflußt. Als Albedo wird der Anteil der von der Erdoberfläche reflektierten kurzwelligen Strahlung (z.B. bei dunklem Gestein 5%, bei Schnee 90%) bezeichnet. Strahlungsklimatisch stellt die Albedo die wichtigste entwaldungsinduzierte Komponente dar (Weischet 1980). Um Klimaveränderungen, die durch eine Albedoänderung ausgelöst werden, zu beschreiben, ist es nötig, die Energiehaushaltsgleichung für ein beliebiges Gebiet bzw. einen Körper zu betrachten (vgl. Weischet 1980, Baaden 1994):

$$(Q+q)\ (1-a) = A-G + LE + W$$

dabei bedeutet:

Q:	direkte Sonneneinstrahlung
q:	indirekte Sonneneinstrahlung (diffuses Himmelslicht)
Q+q:	Globalstrahlung
a:	Albedo
(q+Q) a:	reflektierte kurzwellige Strahlung
(Q+q) −(Q+q) a = (Q+q) (1-a):	Nettoeinstrahlung der Sonne
1-a:	nicht reflektierter Anteil der Globalstrahlung
A:	langwellige Ausstrahlung der Oberfläche
G:	langwellige Gegenstrahlung der Atmosphäre
G-A:	Nettowärmestrahlung
LE:	latente Wärme (Verdunstungsfluß)
W:	fühlbare Wärme (Wärmefluß)

Die linke Seite der Gleichung beschreibt die Netto-Einstrahlung der Sonne, die rechte Seite den Netto-Energie-Verlust der Erdoberfläche. Damit läßt sich eine Strahlungsbilanz errechnen. Wie verändern sich die Werte der Albedo und wie wirkt sich dies auf das Klima aus? Goldammer (1993) bzw. Baaden (1994) geben für die Albedo folgende Werte an: geschlossene Primärwälder 11% - 13%; geschlossene Sekundärwälder 13% - 17%; Ackerland 17% - 25%; Weideland 18% - 25%; Vegetationsloses Land 20% - 35%.

Auf die Energiehaushaltsgleichung wirkt sich der Anstieg der Oberflächen-Albedo folgendermaßen aus (Baaden 1994):

- Durch die Erhöhung der Albedo (a) wird der Ausdruck (1-a) kleiner. Der nicht reflektierte Anteil an der Globalstrahlung nimmt ab, die Strahlungsabsorption sinkt. Dadurch wird die Erdoberfläche abgekühlt.
- Wenn Q und q konstant bleiben, sinkt die Netto-Einstrahlung der Sonne.

- Der Rückgang der Netto-Einstrahlung der Sonne verursacht eine Abnahme der Netto-Energie-Abgabe der Erdoberfläche. Der Atmosphäre wird weniger Energie zugeführt. Dadurch erfolgt eine Abkühlung der mittleren und höheren Troposphäre.

Die folgenden klimarelevanten Elemente werden durch die Entwaldung und den damit verbundenen Albedo Anstieg beeinflußt (Baaden 1994, S.119):

- Wolkenbildung und Luftfeuchtigkeit
- Niederschläge
- Evaporation und Transpiration
- Interzeption und Interzeptionsverdunstung
- Oberflächenabfluß
- Windgeschwindigkeiten
- Bodenfeuchte

Durch die Abkühlung der mittleren und höheren Troposphäre wird die Konvektion in den Tropen allgemein abgeschwächt. Insbesondere schwächt sich die an der ITC stattfindende Konvektion ab, da das gesamte System weniger Energie erhält. Dadurch gelangen aus den umliegenden Gebieten weniger wasserdampfbeladene Luftmassen in die Tropen. Die Konvektion an der ITC wird durch diese Rückkopplung noch weiter abgeschwächt (Enquete-Komission 1990, Baaden 1994). Nach Baaden (1994) sinkt der Niederschlag über entwaldeten Gebieten Amazoniens um 2% - 4% pro 1% Albedo Erhöhung, dies würde etwa einer Abnahme von 200mm Niederschlag pro Jahr bedeuten.

Lokal verändert sich der Wasserkreislauf, da über zusammenhängenden Regenwaldgebieten nicht wie sonst üblich 88% des Wassers in der Atmosphäre aus den Ozeanen kommen. Die küstenfernen Regenwälder geben 75% der Niederschläge durch Transpiration und Interzeption wieder an die Atmosphäre zurück (Evapotranspiration). In Regenwaldgebieten wie z.B. Amazonien oder dem Kongo speisen sich also die Niederschläge „größtenteils aus sich selbst" (Scholz 1998).

Da ein Großteil der Niederschläge nicht mehr durch Vegetation zurückgehalten wird und oberirdisch abfließt, steht folglich weniger Wasser zur Verdunstung zur Verfügung. Durch Passatwinde werden nur 25% der Niederschläge in die Regenwaldregionen geführt. Der verstärkte oberirdische Abfluß kann dadurch nicht aufgefangen werden, es fallen weniger Niederschläge.

Durch die abnehmenden Niederschläge steht weniger Wasser zur Verfügung. Dadurch wird die Wolkenbildung geschwächt (weniger Verdunstung) und es gelangt mehr direkte Sonnenstrahlung auf die Erdoberfläche. Da für die Evapotranspiration und Interzeptionsverdunstung weniger Wasser zur Verfügung steht, wird nur ein geringer Teil der Sonnenstrahlung für die Verdunstung verwendet (latente Wärme). Ein größerer Teil kann in fühlbare Wärme umgewandelt werden. Dadurch erhöht sich die Temperatur des Bodens und der bodennahen Luftschichten erheblich. In einem intakten Regenwaldgebiet werden 70% - 80% der Sonnenenergie durch Verdunstung in latente Energie umgewandelt. In einem Weidegebiet sind dies nur noch 50%. Somit stehen für eine Erwärmung des Bodens 20% - 30% mehr Energie zur Verfügung (Baaden 1994). Dadurch steigt die Temperaturdifferenz zwischen Tag und Nacht deutlich an. Tagsüber wird es durch die höhere Sonneneinstrahlung wärmer, nachts wird es durch die fehlende Wolkendecke und damit durch die höhere Ausstrahlung kälter.

Durch die Rodungen von Regenwäldern werden die Windgeschwindigkeiten (Bodennah) über den betroffenen Gebieten verstärkt, da die hohen Bäume als natürliches Hindernis fehlen. Dieser Effekt wird durch den Begriff aerodynamische Rauhigkeit ausgedrückt, die in [cm] gemessen wird. Einem Regenwald kommt nach dieser Definition ein Rauhigkeitsparameter von 100cm - 300cm zu (zum Vergleich: einer Stadt werden 400cm Rauhigkeitsparameter zugerechnet, bei einer Weide sind es nur noch 5cm (Baaden 1994). Auf ausgetrockneten brachliegenden Böden kann es zu verstärktem Abtrag durch höhere Windgeschwindigkeiten kommen.

Zusammenfassend kann man sagen, daß durch die Rodungen von Regenwäldern das Mikroklima lokal wesentlich rauher wird. Dem vormals sehr ausgeglichenen, gleichförmigen Klima eines Regenwaldes (Scholz 1998) ohne große Extrema folgt ein Klima, daß größere Schwankungen sowohl hygrisch als auch thermisch aufweist. Allerdings sind diese Klimaveränderungen nicht unumstritten. Messungen in Indien und Lateinamerika bestätigen (Baaden 1994) zwar eine Temperaturerhöhung und eine Abnahme des Niederschlages, aber es ist bis heute nicht nachzuweisen, ob dies Auswirkungen von Rodungen sind oder der natürlichen Klimafluktuation entspricht. Zusammenfassend sollen die klimatischen Veränderungen von Rodungen noch einmal nach Ab- und Zunahme sortiert aufgezeigt werden:

Tab. 1: Klimatische Änderungen durch Rodung

Abnahme	Zunahme
Niederschläge (Menge und Häufigkeit)	Dauer der Trockenzeiten
Evapotranspiration	Oberflächenabfluß
Interzeptionsverdunstung	Kondensatinsniveau
Intensität der Konvektionsvorgänge im Tropenrad	Tropische Wirbelstürme
Relative Luftfeuchtigkeit	Oberflächenalbedo
Intensität der Wolkenbildung	Globalstrahlung
Bodenfeuchtigkeit	Temperatur von Böden,. Erdoberfläche und bodennaher Luft
Strahlungsabsorption durch die Erdoberfläche	Fühlbare Wärme
Temperatur der mittleren und oberen Troposphäre	
Wolkenalbedo	
Latente Wärme	

Quelle: verändert nach Baaden 1994, S.124.

Der britische Wetterdienst hat folgende klimatische Auswirkungen bei einer Umwandlung des Amazonas-Regenwaldes in Grasland berechnet (Scholz 1998, S. 151):

- Die Verdunstung geht um etwa 30% zurück (im intakten Regenwald herrscht eine Verdunstung von mehr als 1200 mm/(m^2 a) das entspricht der Verdunstung über den Ozeanen).

- Die Niederschläge verringern sich dadurch um mindestens 20%.

- Die relative Rate des Wasserabflusses verdoppelt sich von 25% auf 50%. Dies geschieht überwiegend als oberirdischer Abfluß. Die Erosion wird dadurch verstärkt.

- In der Regenzeit nimmt die Gefahr von Überschwemmungen deutlich zu.

- Die Trockenzeit dauert länger.

- Die Bodenfeuchte verringert sich um ca. 60% und die Bodentemperaturen steigen um ca. 3°C an.

Ungünstig für einen übriggebliebenen intakten Restbestand an Regenwald ist vor allem die Verlängerung der Trockenzeit und die Abnahme der Niederschläge. Man kann davon ausgehen, daß eine Verlängerung der Trockenzeit mit mehr als zwei Monaten, bei denen nur 50-100 mm/m^2 Niederschlag fallen, dazu führt, daß sich immerfeuchter Regenwald in einen regengrünen Wald umwandelt (Fittkau 1991).

Zur Veranschaulichung dieser Auswirkungen sollen ergänzend die klimatischen Verhältnisse in einem intakten Regenwald (mit Beispielen aus Amazonien) betrachtet werden. Die immerfeuchten Tropen liegen von ca. 5°N bis 5°S direkt am Äquator. In einem intakten Gebiet immerfeuchten Regenwaldes beträgt die Jahresdurchschnittstemperatur über 20°C. Die Tageszeitlichen Temperaturschwankungen bewegen sich im Bereich von 23°C bis 30°C, also bei rund 7°C. Es herrscht eine weitgehende Jahresisothermie (Weischet 1980, Scholz 1998). Der Jahresniederschlag liegt bei mindestens 1500mm, in Amazonien gibt es Gebiete mit deutlich mehr als 5000mm Jahresniederschlag. Durch den zweimaligen Durchlauf der ITC kommt es zu zwei Regenmaxima, die „Trockenzeit", in der mindestens 50mm -100mm Regen pro Monat fallen, dauert ungefähr zwei Monate. Die Niederschläge fallen fast täglich am frühen Nachmittag als Gewitterschauer (vgl. Anhang). Die Luftfeuchte am Boden beträgt fast immer über 90%. Durch die hohe Verdunstung und Wolkenbildung werden Temperaturspitzen am Tage und

MATERIAL 3: Pflanzenstockwerke und Klimabedingungen im tropischen Regenwald

Klimabedingungen in den Pflanzenstockwerken

Licht, Sonne	Lufttemperatur		Temperatur der Blätter	Verdunstung	Luftfeuchte (%)	Wind
	Tageshöchstwerte	Schwankung Tag/Nacht				
100 %	bis 35 °C	stark	heiß in praller Sonne	stark in praller Sonne	< 45 % bei Sonne	oft stürmisch
25 %						
< 1 %	25 °C	ganz gering	25 °C	gering	ständig 90 % und mehr	höchstens schwach windig, oft windstill

Abb. 3: Quelle: Rother 1998, S. 25.

tiefe Temperaturen in der Nacht verhindert. Die klimatischen Verhältnisse im Regenwald ändern sich allerdings je nach Höhenstockwerk drastisch (vgl. Abbildung 3). Während am Boden die Temperaturen selten über 25°C steigen, können in den Baumkronen über 35°C erreicht werden. Die Luftfeuchtigkeit am Boden beträgt immer über 90%. In der Kronenschicht beträgt sie dagegen selten mehr als 45%. Die Sonneneinstrahlung nimmt dagegen bis auf den Boden um 99% ab, d.h. nur 1% des Lichts erreicht den Boden im Regenwald. Deswegen gibt es auf dem Boden von Regenwäldern nur eine dünne Krautschicht. Das meiste Leben spielt sich in den Baumkronen ab.

2.2.3 Auswirkungen auf die Böden

Die Veränderungen der Böden nach einer Rodung des Regenwaldes sind wesentlich besser zu beschreiben und zu messen als die klimatischen Veränderungen. Die hier beschriebenen Veränderungen und Auswirkungen können durch einfache Messungen bewiesen werden, da natürliche Fluktuationen so gut wie keinen Einfluß auf ein intaktes Bodensystem haben.

Die Bodentemperatur steigt auf entwaldeten Flächen durch die erhöhte Sonneneinstrahlung an. Durch die verminderten Niederschläge trocknet der Boden gleichzeitig aus. Durch den Anstieg der Bodentemperatur und die verstärkte direkte Sonneneinstrahlung können Bodenlebewesen geschädigt werden. Es kann auch zu einem verzögertem Wachstum von Nachfolgevegetation kommen, da viele Pflanzensämlinge in den Regenwäldern feuchtwarme Bedingungen zum Keimen benötigen (Scholz 1998, Baaden 1994). Diese Auswirkungen benötigen längere Zeiträume, die unmittelbaren Folgen von Rodungen sollen im Anschluß beschrieben werden.

Durch die Rodung größerer Flächen wird der Nährstoffkreislauf des Regenwalds bzw. des Bodens zerstört und es beginnt der Zusammenbruch des Ökosystems Regenwald, das „anfällig wie ein Bluterkranker" ist (Weischet 1980). Durch Brandrodung wird die ohnehin dünne Humusschicht des Regenwaldbodens verbrannt und zerstört. Der Boden verliert den dort konzentrierten Teil der Kationenaustauschkapazität, die Wurzelpilze (Mycorrhizae) sterben ohne Vegetation ab.

Es ist davon auszugehen, daß bei unbedecktem Boden bereits Niederschlagsereignisse von 25 mm/m^2 zu Erosion und verstärktem Bodenabtrag beitragen. In den Regenwaldgebieten sind Niederschlagsereignisse von bis zu 150 mm/m^2 keine Seltenheit (Scholz 1998). Je nach Bodenbeschaffenheit und Hangneigung können so mehr als 1000 Tonnen pro Jahr und Hektar abgetragen werden (Kohlhepp 1987). Dies entspricht dem bis zu 48-fachen eines intakten Regenwaldes (Baaden 1994).

Die entwaldeten Böden verlieren einen Großteil ihrer Wasserspeicherkapazität. Dies geschieht einerseits durch den direkten Verlust der Vegetationsdecke, andererseits durch die rodungebedingte Verdichtung der Böden. Dies führt dazu, daß in Regenzeiten der Oberflächenabfluß drastisch erhöht ist. Dadurch erhöht sich die Amplitude der Flüsse zwischen der Trocken- und der Regenzeit.

Überschwemmungen werden häufiger und die Größe der überschwemmungsgefährdeten Gebiete steigt an. Durch die geringere Wasserspeicherkapazität steht in der Trockenzeit nicht mehr so viel Wasser zur Verfügung.

Durch die Erhöhung des Oberflächenabflusses wird ein Großteil der noch verbliebenen Humusschicht und damit ein Großteil des Nährstoffspeichers ausgewaschen. Zusätzlich werden durch einen erhöhten Bodenwasserstrom die ohnehin spärlichen Nährstoffe ausgetragen. In der Folge sinkt die Fähigkeit des Bodens Nährstoffe zu speichern vor allem in den für den Regenwald so wichtigen oberen Bodenschichten (Scholz 1998, Baaden 1994). Dadurch stehen einer Nachfolgevegetation kaum noch Nährstoffe zur Verfügung.

Die Neubildung des Bodens in den Tropen erfolgt sehr schnell, da sie sich in einer „Zone partieller Flächenbildung" (Büdel 1971) befinden. Die Bodenbildungsprozesse (Verwitterung) laufen dort bis zu einhundertmal schneller ab als in den gemäßigten Breiten. Warum also ist der Boden der immerfeuchten Tropen nicht in der Lage die Rodung der Wälder zu verkraften? Warum wird der Erosionsverlust nicht durch die schnelle Verwitterung aufgefangen?

Um diese Fragen zu beantworten bedarf es eines Exkurses in die Bodenchemie und –physik der immerfeuchten Tropen.

Die Böden der immerfeuchten Tropen sind sehr tiefgründig verwittert. Der Verwitterungshorizont kann dabei mehrere Meter bis zu mehrere Zehn Meter Betragen (Weischet 1980). Unter den feuchttropischen Bedingungen haben sich aus dem Ausgangsgestein (meistens tertiäre Sedimente, Gneis, Granit, Sandstein oder alte Schiefer) tiefgründige zonale Rotlehmböden entwickelt. Die folgende Abbildung 4 gibt einen Überblick über diese Böden:

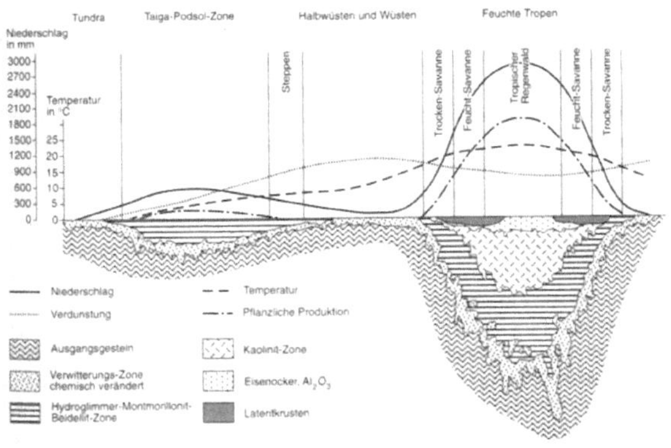

Abb. 13: *Verwitterung und Bodenbildung vom Äquator zum Pol (verändert nach STRACHOW 1962; in R. BRINKMANN: Abriß der Geologie, Bd. 1, Stuttgart 1975, S. 10*

Abb. 4: Bodenbildung vom Äquator zum Pol. (Quelle: Scholz 1998, S. 45.)

Der Prozeß der Verwitterung wird in den feuchten Tropen begünstigt durch die hohen Niederschläge und die sehr kurzen Trockenzeiten. Außerdem konnte sich die Bodenbildung über sehr lange Zeiten ungestört (keine wiederholten Eiszeiten) fortsetzen (Scholz 1998). Der beherrschende Bodentyp der feuchten Tropen sind ferralitische Böden, die sogenannten Ferralsole (FAO Taxonomy). Die rotbraune Färbung der Böden entsteht durch Hämatit und Goethit. Die Hauptbestandteile dieser Böden bilden Eisen und Aluminium, nachdem durch intensive chemische Verwitterung und Auswaschung durch den zum Grundwasser hin gerichteten Bodenwasserstrom andere, leichter lösliche Minerale wie z.B. Kalk oder Silizium (Desilifizierung). Durch diese Auswaschung kommt es zu einer Anreicherung von Sesquioxiden (AL_2O_3, Fe_2O_3), der sogenannten Lateritisierung. Gleichzeitig sinkt der pH-Wert der Böden auf oftmals unter 4. In Zusammenhang mit den klimatischen Veränderungen bei der Rodung (längere Trockenzeiten und weniger Niederschlag) kann es dann zu einer Lateritkrustenbildung vergleichbar den Llanos in Venezuela kommen.

Für die Nährstoffversorgung ist der Gehalt an verwitterbaren Restmineralen, die Beschaffenheit der Tonminerale und der Gehalt an organischen Substanzen wichtig. Restminerale sind im Boden verbliebene noch nicht verwitterte

Bruchstücke des Ausgangsgesteins. Sie stellen ein Nährstoffdepot dar. Durch die intensive Verwitterung sind in den ferralitischen Böden Mineralien (vgl. Abbildung 5) wie z.B. Magnesium, Calcium, Natrium, Kalium oder Phosphor fast völlig ausgewaschen (Scholz 1998, Weischet 1980).

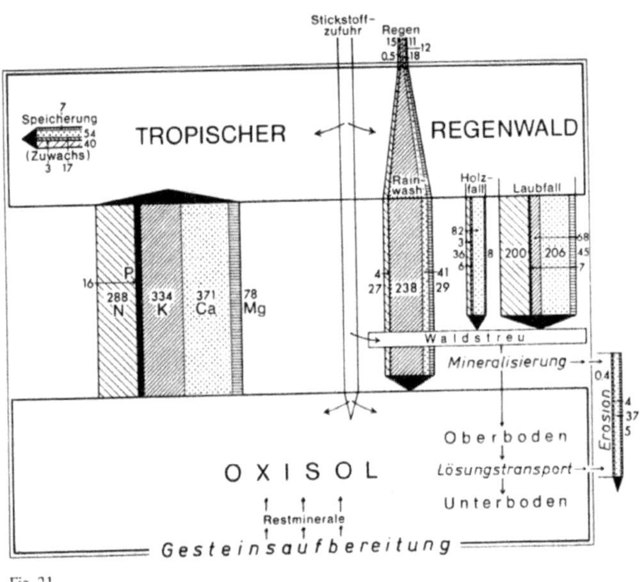

Abb. 5: Quelle Weischet 1980, S. 66.

Die Beschaffenheit der Tonminerale und der Gehalt an Humus sind wichtig für die Fähigkeit eines Bodens Nährstoffe in austauschbarer Form zu speichern, man spricht von Kationenaustauschkapazität oder Sorpitionskapazität. Tonminerale (blättchen- bzw. schichtförmige Kristalle) entstehen als kleinste Fraktionen bei der Verwitterung des Ausgangsgesteins. Es gibt unterschiedliche Gruppen mit sehr unterschiedlicher Austauschkapazität. So übertrifft die Kationenaustausch- kapazität des dreischichtigen Montmorillonit die des zweischichtigen Kaolinit um mehr als das einhundertfache (Weischet 1980). Unter den Bedingungen der feuchten Tropen bilden sich überwiegend die Tonminerale der Kaolinit Gruppe und dementsprechend schwach ist die Kationenaustauschkapazität der Ferralsole ausgeprägt. Die Basensättigung der Ferralsole ist ebenfalls sehr gering, dies zeigt sich im geringen pH-Wert. Wenn der pH-Wert unter 4 sinkt, kann es zur sogenannten Aluminiumdynamik kommen, die Konzentration an Aluminiumverbindungen im Boden steigt drastisch an, was auf viele Pflanzen äußerst toxisch wirkt (Schultz 1955).

Auch der geringe Gehalt an Humus beeinflußt die Nährstoffaufnahme und -abgabe des Bodens (Weischet 1980). Zusätzlich liefert der Humus ähnlich wie Restminerale durch Zersetzung der abgestorbenen Biomasse mineralische Pflanzennährstoffe. Da der Anteil an Restmineralen und die Sorptionskapazität ferralitischer Böden sehr gering sind, wird „die überragende Rolle des Humus in seiner Doppelfunktion als Nährstofflieferant und Nährstoffaustauscher" in den Böden deutlich (Scholz 1998, S. 47). Diese Humusauflage ist in den Tropen nur sehr dünn ausgebildet, da anfallende Biomasse sehr schnell (fünf- bis zehnmal so schnell wie in den gemäßigten Breiten) wieder umgesetzt und dem Nährstoffkreislauf zurückgeführt wird. Die Humusauflage ist daher nur etwa halb so dick wie in einem europäischen Buchenwald (Weischet 1980). Die Humusauflage ist aber bei der Rodung des Waldes als oberste Schicht als erstes durch die Abtragung betroffen. Der Boden verliert also mit dem ersten Regen nach der Rodung seine für die Pflanzen so wichtige Fähigkeit der Nährstoffspeicherung. Die Austauschvorgänge im Böden sollen durch die folgende Abbildung noch einmal dargestellt werden.

Abb. 6: Austauschvorgänge in tropischen Böden

I. Schematisches Modell zur Veranschaulichung der Austauschvorgänge im Boden (unter Verwendung von Fig. 24 in W. LAATSCH, 1957)

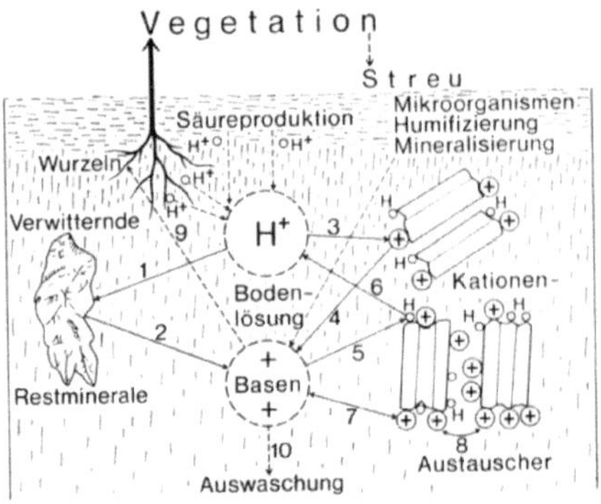

Fig. 32

Quelle: Weischet 1980, S. 98.

Die Wurzeln der Regenwaldpflanzen werden von einer dichten Masse aus Pilzgeflecht umhüllt, den sogenannten Mycorrhizae. Diese Wurzelpilze dienen als Nährstoffallen welche die durch Regenwasser aus der Luft und aus der Kronenschicht herabtransportierten Nährstoffe auffangen und den Pflanzen direkt wieder zur Verfügung stellen, ehe sie in tiefere Bodenschichten ausgewaschen werden (Weischet 1980, Scholz 1998). Die Wurzelpilze sind nach dem Humus das zweite Opfer, da sie nach einer Rodung sehr schnell absterben und sich in der kurzen Vegetationsperiode von Kulturpflanzen nicht wieder entwickeln können.

Für die Nährstoffversorgung der Pflanzen im Regenwald sind wegen der großen Bedeutung der Wurzelpilze und des Humus nur die obersten 40 cm Boden wichtig. Dementsprechend sind die Pflanzen ausgesprochene Flachwurzler. Selbst 80% der Wurzeln eines 50m hohen Urwaldriesen reichen nicht tiefer. Deswegen bilden diese Bäume riesige Brett- oder Stützwurzeln aus (vgl. Abbildung III zum Nährstoffkreislauf).

Als Fazit läßt sich sagen, daß in den Regenwäldern der Bodenhaushalt sehr empfindlich ist und daher Weischet (1980) dies als „ökologisches Handicap" bezeichnet. Durch sorglose Rodung wird der Nährstoffhaushalt der Böden nachhaltig gestört und eine Agrarproduktion unmöglich gemacht. Auch ist eine Regeneration der Böden nicht innerhalb von kurzer Zeit möglich, deshalb kann auf einmal gerodeten Flächen nur ein sogenannter Sekundärwald entstehen.

2.2.4 Auswirkungen auf die Vegetation

Der Artenreichtum nimmt, wenn man sich dem Äquator nähert ab den Wendekreisen sprunghaft zu. Die Diversität der Arten ist nirgends so groß wie in tropischen Regenwäldern (Scholz 1998). Diese Vielfalt bedeutet eine gewaltige genetische Ressource für die ganze Erde. In Amazonien stehen auf einem Hektar Wald durchschnittlich 400 Baumarten, mehr als in ganz Europa vorkommen (Lamprecht 1986). Die Verbreitung der einzelnen Arten ist zudem nicht gleichmäßig. Von Tal zu Tal wechselt der Artenreichtum und die einzelnen Arten fast vollständig, manche Arten kommen nur in einer ganz bestimmten Gegend vor. Es gibt Schätzungen, die davon ausgehen, daß in den Regenwaldgebieten der Erde 90% aller Arten auf der Erde vorkommen (Scholz 1998, WWF 1998, Baaden 1994).

2.2.4.1 Auswirkungen durch Rodungen

Die Rodungen der tropischen Regenwälder wirkt sich vor allem auf die Biodiversität aus. Da oftmals bestimmt Baumarten nur in einem eng abgegrenzten Gebiet vorkommen, sterben diese unwillkürlich bei einer Rodung aus (Lamprecht 1986). Durch die Abholzung wird auch den im tropischen Regenwald weit verbreiteten Epiphyten (Aufsitzerpflanzen, z.B. Orchideen) die Existenzgrundlage entzogen. Der nachwachsende Sekundärwald hat eine ungleich geringere Artendichte und Plantagenformen oder Weideland reduzieren diese nochmals. Bei verschiedenen Feldstudien konnte so ein Verlust an Baumarten von über 42% nachgewiesen werden (Baaden 1994).

Kurzfristig kann in einem überbrannten Regenwald die Artenzahl allerdings sogar ansteigen, da nach der Brandrodung viele Arten nachwachsen, die in einem intakten Primärwald keine Möglichkeit zur Existenz gehabt hätten. Allerdings kann dies nur auf kleinen Brandrodungsflächen geschehen, die nach der Rodung nicht landwirtschaftlich genutzt werden (Baaden 1994). Der Anstieg des Artenreichtums ist nicht viel länger als 10 Jahre zu beobachten und erklärt sich vor allem aus der großen Menge an Pionierpflanzen, die sich nach einem Brandrodungsereignis ansiedeln und schon nach kurzer Zeit vom entstehenden Sekundärwald überdeckt werden.

Durch die Rodung werden nicht nur die einzelnen Arten vernichtet, sondern auch ihre Habitate zerstört. Vor allem endemische Arten sind bereits von der Zerstörung kleiner Waldflächen, etwa beim Brandrodungswanderfeldbau, betroffen. Die Änderung von ökologischen Nischen kann für die spezialisierten Arten des Regenwaldes ebenso existenzbedrohend sein. Schon kleine Eingriffe können die biotischen oder abiotischen Faktoren eines Habitats so weit ändern, daß die Existenz vieler Arten gefährdet ist (Scholz 1998, Baaden 1994).

Die Veränderung von Nahrungsketten kann eine ganze Tierart bedrohen. Im Regenwald gibt es viele Tierarten, die auf wenige Pflanzen spezialisiert sind. Werden diese durch Rodung zerstört, wird den Tieren die Nahrung entzogen (Baaden 1994).

Die Entwaldung der Regenwälder verursacht oft eine Verinselung von Lebensräumen. Diese Verkleinerung, Zerstückelung und Isolation von Habitaten führt zu einer Unterbrechung von Systemzusammenhängen. Zwischen den einzelnen Waldinseln kann nur unter erschwerten Bedingungen ein Austausch von Arten vonstatten gehen. Die Distanz zwischen den Waldinseln ist dabei von zentraler Bedeutung (Baaden 1994). Stirbt innerhalb einer Insel eine Art aus, kann dies viele andere Arten betreffen (z.B. Bestäubung durch Fledermäuse). Auf diese Weise kann durch das Aussterben einer Art ein ganzes „Artensterben" ausgelöst werden (WWF 1998).

2.2.4.2 Auswirkungen durch Holzeinschlag

Heute wird das meiste Tropenholz in Regenwäldern durch den sogenannten selektiven Holzeinschlag gewonnen. Dabei wird nicht die gesamte Fläche gerodet, sondern es werden nur die wertvollsten Bäume geschlagen. Durch den Einsatz von schwerem Gerät bzw. unsachgemäßen Holzeinschlag beträgt die Schädigung der umliegenden Vegetation zwischen 50% und 90%. Ein großer Teil der Pflanzen sterben durch diese Schädigung nachträglich ab und erleichtern so eine spätere Brandrodung (WWF 1998).

Durch den Einsatz von schweren Maschinen und dem Herausschleppen aus dem Wald wird außerdem der Boden stark verdichtet und die Humusauflage wird beeinträchtigt. Die Bodenverdichtung nach einem Holzeinschlag beträgt bis zu 42% (100% bedeutet, daß der Boden mechanisch nicht mehr zu verdichten ist). Üblicherweise beträgt die Verdichtung im Regenwaldboden ca. 10% - 16% (Scholz 1998, Mertins 1991).

2.3 Globale Auswirkungen der Rodungen

Die Rodungen tropischer Regenwälder wirken sich global vor allem auf den Wasserhaushalt und das Klima der Erde aus. Für die Veränderung des Klimas kommt vor allem eine veränderte Zusammensetzung der Erdatmosphäre in Betracht. Dies setzt die Emission von Spurengasen und Aerosolen voraus, die direkt oder indirekt das Klima beeinflussen (Baaden 1994). Bei einer Brandrodung werden große Mengen an Schadstoffen in der Atmosphäre freigesetzt und teilweise in große Höhen transportiert. So konnte 1986 zum ersten Mal aus einer Erdumlaufbahn die Rauchdecke über Amazonien vermessen werden. Festgestellt wurden 150.000 Brandherde, deren Rauch eine Fläche von 2,6 Mio. Quadratkilometer bedeckte (Weiß 1991).

Durch diese Brände werden große Mengen an klimawirksamen Gasen erzeugt und in der Atmosphäre freigesetzt. Die folgende Tabelle gibt einen Überblick über diese Gase. Dabei wird zwischen offenen und Schwelfeuern unterschieden, weil bei den hohen Feuchtigkeiten, die im Regenwald herrschen, Schwelfeuer sehr oft anzutreffen. Je nach Feuerart sind außerdem unterschiedliche Emissionen zu beobachten.

Tab. 2: Pyrogene Emissionen bei der Brandrodung

Offene Feuer	Schwelfeuer
Kohlendioxid (CO_2)	Kohlenmonoxid (CO)
Stickstoffmonoxid (NO)	Methan (CH_4)
Schwefeldioxid (SO_2)	Nicht Methan Kohlenwasserstoffe
Distickstoffoxid (N_2O)	Ammoniak (NH_3)
Stickstoff (N_2)	Zyanwasserstoff (HCN)
Aerosole mit einem hohen Anteil an elementarem Kohlenstoff	Äthannitril (CH_3CN)
	Methylchlorid (CH_3Cl)
	Schwefelwasserstoff und Carbonylsulfid
	Aerosole mit einem geringen Anteil an elementarem Kohlenstoff

Quelle: verändert nach Baaden 1994, S.47.

Der Großteil dieser Gase ist für den „Treibhauseffekt" und den Abbau der Ozonschicht mitverantwortlich. Nach Schätzungen der Enquete-Kommission der Bundesregierung (1990) betragen die Emissionen, die auf die Brandrodung von Tropenwäldern zurückgehen immerhin 13% - 16% der globalen Gesamt-Schadstoffemissionen.

Ein weiterer wichtiger Faktor für das globale Klima ist die Bindung von Kohlenstoff. Ein Maß für die Kohlenstoffbindung ist die Biomassendichte. Die folgende Tabelle 2 vergleicht einige Biomassendichten:

Tab. 3: Biomassendichte verschiedener Vegetationsformen

Vegetationstyp	Biomassendichte [kg C m^{-2}]
Geschlossene Primärwälder	18 – 24
Geschlossene Sekundärwälder	10 – 17
Offene Tropenwälder	5 – 9
Acker- und Weideland	0,5 – 1,0
Geschlossene Waldbrache	2,8 – 4,3
Wanderfeldbau Flächen	2,6 – 9,0

Quelle: eigene Darstellung nach Baaden 1994, S. 55ff.

Die geschlossenen Primärwaldformation bindet am meisten Kohlenstoff. Dieser Kohlenstoff wird als CO_2 bei der Brandrodung in die Atmosphäre freigesetzt. Keine der nachfolgenden Nutzungen ist in der Lage die gleiche Menge an Kohlenstoff zu binden. Es verbleibt also immer ein deutlicher Überschuß in der Atmosphäre. Bei einer Folgenutzung als Weideland beträgt dieser Überschuß sogar bis zu 90%.

Durch die Nutzung ehemaliger Regenwaldgebiete als Weideland steigt die Methankonzentration in der Atmosphäre an, weil Rinder bei der Verdauung von Gras große Mengen an Methan produzieren (bis zu 120l pro Tag und Rind) (Baaden 1994). Durch die Freisetzung von Methan in der Atmosphäre wird wie bereits erwähnt der Treibhauseffekt verstärkt.

Die Rodungen der Tropenwälder beeinflussen auch den globalen Wasserhaushalt. Das Amazonasbecken in Lateinamerika beherbergt nach Schätzungen rund 20% des Süßwassers auf der Erde. Wie bereits im Kapitel der lokalen Auswirkungen besprochen wurde zirkulieren 75% dieses Wassers ständig im Bereich des Amazonas. Wird dieses Reservoir durch Rodung, respektive Umwandlung in Weideland beeinträchtigt, gehen dadurch rund 10% des globalen Süßwassers verloren (Baaden 1994, Scholz 1998). Auch die entwaldungsbedingten Aerosol-Emissionen können den Wasserhaushalt der Erde beeinflussen. Durch die Partikelemission wird zunächst die Gesamtzahl der Kondensationskerne global erhöht. Bei gleichbleibendem Wassergehalt der Atmosphäre lagern sich gleich viele Wassermoleküle an eine gestiegene Anzahl von Kondensationskernen an, wodurch die gebildeten Tröpfchen kleiner und leichter werden und weniger schnell abregnen. Die Niederschläge könnten daher global vermindert werden (Baaden 1994, Goldammer 1993).

Nach neueren Schätzungen wird allerdings das globale Klima durch die Emissionen die durch die Rodung der Regenwälder entstehen, nicht nachhaltig beeinflußt, da die Auswirkungen die natürlichen Klimafluktuationen nicht übertreffen (Baaden 1994).

3 Ursachen der Rodungen tropischer Regenwälder (am Beispiel Amazoniens)

In diesem Kapitel sollen die wichtigsten Ursachen der Rodungen tropischer Regenwälder (vgl. Abbildung 7) kurz beschrieben und anschließend Lösungsmöglichkeiten aufgezeigt werden. Prinzipiell bleibt zu betonen, daß es immer schwierig ist, vom „Hohen Roß" der Industrienationen aus, einem souveränen Staat Vorschriften zu machen, wie es mit seinen natürliche Ressourcen zu haushalten hat. Schließlich haben gerade die Industrienationen bewiesen wie man verschwenderisch mit natürlichen Ressourcen umgehen kann. Die Lösungsvorschläge sollen also dazu dienen, den Regenwald so zu nutzen, daß der Gewinn für die einheimische Bevölkerung größer ist als wenn gerodet wird.

An dieser Stelle sollen die Einflüsse des Menschen auf den Regenwald in Amazonien kurz beschrieben werden. Der Einfluß der indigenen Bevölkerung auf den Regenwald war schon zu allen Zeiten eher gering. Die Wirtschaftsweise war angepaßt und schädigte den Wald nicht. Daher wird auf diese Gruppe nicht weiter eingegangen.

Der Einfluß des „modernen" Menschen in den letzten 200 Jahren war und ist wesentlich größer und hat zu einem merklichen Rückgang des Regenwaldes geführt. So sind in Brasilien kaum noch 42% des Regenwaldes intakt (WWF 1998). Der Mensch hatte vor dem Regenwald und seiner von außen scheinenden Undurchdringlichkeit schon immer Angst. Nur so kann der Ausspruch eines brasilianischen Politikers zustande kommen, daß nur die Teile Brasiliens brasilianisch sind, auf denen kein Regenwald mehr steht. Es gibt verschiedene Möglichkeiten den Regenwald zu nutzen (siehe auch die Abbildung im Anhang zur Partizipation im Wald). Allerdings sind nur wenige davon so sanft (an dieser Stelle wird mit Absicht nicht von nachhaltig gesprochen), daß sie den Wald nicht schädigen. Auf die Nutzung von Bodenschätzen soll an dieser Stelle nicht eingegangen werden. Die am weitesten Verbreitete Rodungsart ist die Brandrodung.

Abb. 7: Ursachen der Regenwaldzerstörung

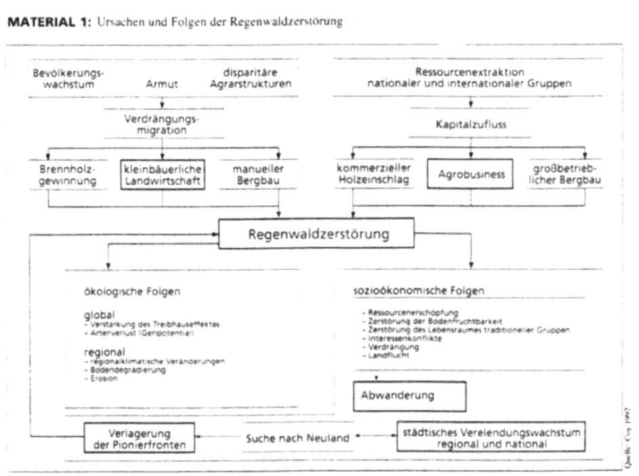

Quelle: Kohlhepp 1998, S.41.

Wald wird (vor allem in der Trockenzeit) abgebrannt, um den verbleibenden Boden als Ackerfläche zu nutzen. Dies ist in der Regel für zwei bis drei Jahre möglich. Dann sind alle Nährstoffe verbraucht, der Boden erodiert, übrig bleibt Brache. Eine Düngung des Bodens mit mineralischem Dünger ist wegen der bereits besprochenen fehlenden Kationenaustauschkapazität nicht sinnvoll und erbringt keine nennenswerten Ertragssteigerungen.

Eine andere Möglichkeit der Waldnutzung ist der Holzeinschlag. Die Probleme hier sind allerdings ähnlich wie bei der Brandrodung. Ist der Wald einmal abgeholzt verliert der Boden schnell alle Nährstoffe und die Humusschicht. Der dann entstehende Sekundärwald ist kaum wertvoller als ein mitteleuropäischer Wald. Der Artenreichtum des Regenwaldes ist für immer verloren. Die sogenannte nachhaltige Nutzung der Holzwirtschaft hinterläßt im übrigen mittels des selektiven Holzeinschlages die gleiche Brache wie eine Brandrodung. Zwar werden nur wenige wertvolle Bäume pro Hektar eingeschlagen, der umliegende Wald wird aber bis zu 90% (durch die schweren Maschinen, die notwendig sind) geschädigt und stirbt ab (WWF 1998). Dazu kommen die zum Transport der Stämme angelegten Straßen. Diese ermöglichen es Bauern in den Wald einzudringen und ihn zum Zweck des Feldbaues niederzubrennen. Erwähnenswert ist außerdem noch, daß die einheimische Bevölkerung durch den Holzeinschlag nichts verdient. Die Gewinne werden von Firmen im Ausland erwirtschaftet. Bisher gibt es außerdem noch kein funktionierendes und den Wald erhaltendes Waldbausystem für Regenwälder. Für Feuchtwälder gibt es Plantagensysteme. Diese werden zum Beispiel in Indien für Teak angewendet.

Der Erhalt des Regenwaldes als globaler Wasser- und auch Kohlendioxid-Speicher ist ebenfalls unerläßlich. Niemand kann Vorhersagen treffen, die Klimaveränderungen und Veränderungen im Wasserhaushalt der Erde erfassen, wenn die Zerstörung der Regenwälder so fortschreitet.

Zum Schluß dieses Kapitels sollen noch einige sinnvolle Nutzungsmöglichkeiten des Regenwaldes aufgezeigt werden und in einer Karte im Anhang werden Eingriffe des Menschen in Amazonien aufgezeigt.

Die traditionelle Nutzung des Regenwaldes sollte im Vordergrund der Interessen stehen:

- dazu gehören das Sammeln von Nüssen und anderen Nutzpflanzen (z.B. Paranüsse). Diese Art der Nutzung ist unschädlich und ermöglicht es auch der indigenen Bevölkerung am Wald zu partizipieren.

- Der so erzielbare Gewinn ist z.T. um den Faktor 10 höher als bei der Nutzung als Holzlieferant.

- Mediziner entdecken immer mehr Pflanzen im Regenwald, aus denen sich neue Medikamente entwickeln lassen.

- Der Tourismus ist ebenfalls eine gewinnbringende und schonende Möglichkeit den Wald zu erhalten und die indigene Bevölkerung partizipieren zu lassen. Dazu sind allerdings große Schutzgebiete nötig.

4 Fazit

Ziel dieser Arbeit ist es die komplexen Auswirkungen von Rodungen im Ökosystem Regenwald darzustellen. Die Komplexität dieser Auswirkungen läßt es in der gegebenen Zeit nicht zu, alle Details zu besprechen. Vielmehr mußte eine Auswahl an Auswirkungen getroffen werden.

Eine kritische Betrachtung verdienen die globalen Auswirkungen von Rodungen. Die Rechenmodelle, die diese Auswirkungen vorhersagen besitzen noch nicht die nötige Genauigkeit um die Realität auch nur annähernd zu erfassen. Die Datenbasis auf deren Grundlage diese Rechnungen basieren, ist ebenfalls viel zu gering um genaue Vorhersagen zu treffen. Deswegen kann keine wirklichkeitsgetreue Vorhersage der zukünftigen Klimaverhältnisse auf der Erde getroffen werden, die Änderungen, verursacht durch die Rodungen der Regenwälder, vorhersagt.

Die Auswirkungen auf die Böden und die dadurch hervorgerufenen Veränderungen sind problemlos zu belegen. Böden können über Bohrungen und Profile erschlossen und dadurch die Auswirkungen belegt werden. Ob eine Regeneration von degenerierten Regenwaldböden möglich ist, kann noch nicht abschließend beantwortet werden, da die Zeiträume dafür zu gering sind.

Die nachhaltige Inwertsetzung (nicht im forstwirtschaftlichen Sinn) ist nötig, um den im und vom Wald lebenden Menschen genauso eine Zukunft zu geben wie dem Wald selbst. Die sich dann bietenden Möglichkeiten sind jedenfalls größer als ein paar Jahre Ackerbau auf Böden, die anschließend Wüste sind.

Abschließend bleibt zu sagen, daß Regenwälder auch in Zukunft zu den faszinierendsten Ökosystemen der Erde gehören. Bisher war noch Niemand in der Lage die Komplexität dieser Systeme abschließend zu erfassen und zu erklären. Es bleibt zu hoffen, daß es auch in Zukunft noch Regenwälder gibt, in denen dieses faszinierende Ökosystem weiter erforscht werden kann.

5   Literaturliste

Baaden, J.: Entwaldung in den Tropen und ihre Folgen für Klima, Boden und Lebewesen. Marburg 1994.

Beck, E.: Vegetationstypen der Tropen. In: Engels, W. (Hrsg.): Die Tropen als Lebensraum. Tübingen 1987, S. 37-60.

Beyer, D. N.: Geheimnisse der Tropenwälder. In: OroVerde: Tropenwald Edition, Band 1. o.O. 1995.

Borcherdt, C. (Hrsg.): Beiträge zur Landeskunde Venezuelas III. Stuttgarter Geographische Studien, Bd. 118. Stuttgart 1992.

Coy, M.: Regionalentwicklung und regionale Entwicklungsplanung an der Peripherie in Amazonien. Tübinger Geographische Studien, Heft 97. Tübingen 1988.

Engels, W.: Die Tropen als Lebensraum. Tübingen 1987.

Enquete-Komission (Hrsg.): Schutz der Tropenwälder. Eine internationale Schwerpunktaufgabe. Zweiter Bericht der Enquete-Kommission „Vorsorge zum Schutz der Erdatmosphäre" des Deutschen Bundestages. Bonn 1990.

Fittkau, E.J.: Zur Ökologie tropischer Regenwälder. In: In: Gesellschaft für Ökologische Forschung (Hrsg.): Amazonien. Ein Lebensraum wird zerstört. 3. Auflage. München 1991, S. 11-23.

Geo Special: Amazonien. September 1994

Gesellschaft für ökologische Forschung (Hrsg.): Amazonien. Ein Lebensraum wird zerstört. 3. Auflage. München 1991.

Goldammer, J.G.: Fire in the Tropical Biota. Ecosystem Processes and Global Challenges. Berlin 1990.

Harborth, H. J.: Die Diskussion um dauerhafte Entwicklung (Sustainable Development): Basis für eine umweltorientierte Weltentwicklungspolitik? In: Hein, W. (Hrsg.): Umweltorientierte Entwicklungspolitik. Schriften des Deutschen Übersee-Instituts Hamburg, 14. Hamburg 1992, Seite 37-62.

Herkendell, J. und Pretzsch, J.: Die Wälder der Erde. Bestandsaufnahme und Perspektiven. München 1995.

Hueck, K.: Die Wälder Venezuelas. Forstwirtschaftliche Forschungen, Heft 14. Hamburg 1961.

Kastenholz, H. G. et al.: Nachhaltige Entwicklung. Zukunftschancen für Mensch und Umwelt. Heidelberg 1996.

Kohlhepp, G.: Regenwaldzerstörung im Amazonasgebiet Brasiliens. In: geographie heute 162 (1998), S. 38-41.

Kohlhepp, G.: Tropische Naturräume und ihre Nutzung durch den Menschen. In: Engels, W.: Die Tropen als Lebensraum. Tübingen 1987, S. 7-36.

Lamprecht, H.: Waldbau in den Tropen. Berlin 1986.

Mertins, G.: Ausmaß und Verursacher der Regenwaldzerstörung in Amazonien – ein vorläufiges Fazit. In: Scholz, U. (Hrsg.): Tropischer Regenwald als Ökosystem. Giessener Beiträge zur Entwicklungsforschung, Band 19. Gießen 1991.

Messerli, P.: Nachhaltige Naturnutzung. Diskussionsstand und Versuch einer Bilanz. In: Geographica Bernensis, Band P 30. Bern 1994, Seite 141-158.

Müller-Hohenstein, K.: Die Landschaftsgürtel der Erde. 2. Auflage. Stuttgart 1981.

O'Brian, L. und Zaglitsch, H: Venezuela. Frankfurt 1994.

OroVerde: Tropenwald Edition Band 1-9. o.O. 1995.

Reichholf, J. H.: Amazonien als Ökosysten. In: Gesellschaft für Ökologische Forschung (Hrsg.): Amazonien. Ein Lebensraum wird zerstört. 3. Auflage. München 1991, S. 24-68.

Rother, L.: Und wieder brennen die Regenwälder. In: geographie heute 162 (1998), S. 26-29.

Schaller, F.: Leben zwischen Wald und Wasser am Amazonas. In: Engels, W. (Hrsg.): Die Tropen als Lebensraum. Tübingen1987, S. 81-102.

Scholz, U.: Die feuchten Tropen. Braunschweig 1998.

Schulz, J.: Die Ökozonen der Erde. Stuttgart 1995.

Seul, H.: Leben mit dem Wald. Der Kampf der Kautschukzapfer für die Erhaltung des Regenwaldes. In: Gesellschaft für Ökologische Forschung (Hrsg.): Amazonien. Ein Lebensraum wird zerstört. 3. Auflage. München 1991, S. 77-86.

Sioli, H.: The Amazon. Limnology and landscape ecology of a mighty tropical river and its basin. o.O. 1984.

Troll, C., und K. H. Pfaffen: Karte der Jahreszeitenklimate der Erde. Erdkunde 18 (1964), S. 5-28.

Weischet, W.: Die ökologische Benachteiligung der Tropen. 2. Auflage. Stuttgart 1980.

Weischet, W.: Ackerland aus Tropenwald – eine verhängnisvolle Illusion. In: Holz aktuell. Heft 3 1981, S. 14-33.

Weiß, A.: Klimatische Auswirkungen der Brandrodungen. In: In: Gesellschaft für Ökologische Forschung (Hrsg.): Amazonien. Ein Lebensraum wird zerstört. 3. Auflage. München 1991, S. 176-187.

Wilhelmy, H. et al (Hrsg.): Beiträge zur Geographie der Tropen und Subtropen. Tübinger Geographische Studien. Heft 34. Tübingen 1970.

WWF (World Wide Fund for Nature) (Hrsg.):: WWF Journal. Heft 4 (1998).

Literatur aus dem World-Wide-Web:

Tropical Ecology Working Group: http://www.mpil-ploen.mpg.de/mpiltwjj.htm

Geo-Regenwaldlexikon: http://www.geo.de/projekt/urwald/regenwald/lexikon/a.html

Süddeutsche Zeitung: Quecksilber – von der lokalen zur globalen Gefahr: http://www.sueddeutsche.de/sz/19960809/wissen_3.html

Global 2000 Projekte: Die Regenwälder der Erde: http://www.t0.or.at/~global2000/rwbr_02.html

6   Anhang: Ergänzende Abbildungen

Abbildung I: Wasserbilanz im amazonischen Regenwald

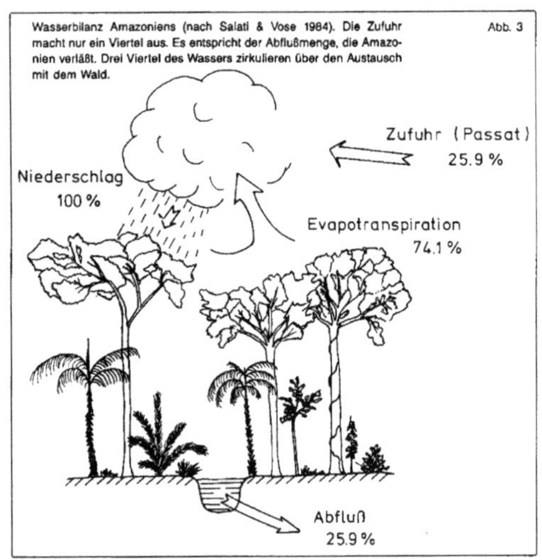

Quelle: Reichholf 1991, S.64.

Abb. II: Nährstoffkreislauf (Quelle: Scholz 1998, S. II)

Abb. III: Nährstoffkreislauf im amazonischen Regenwald

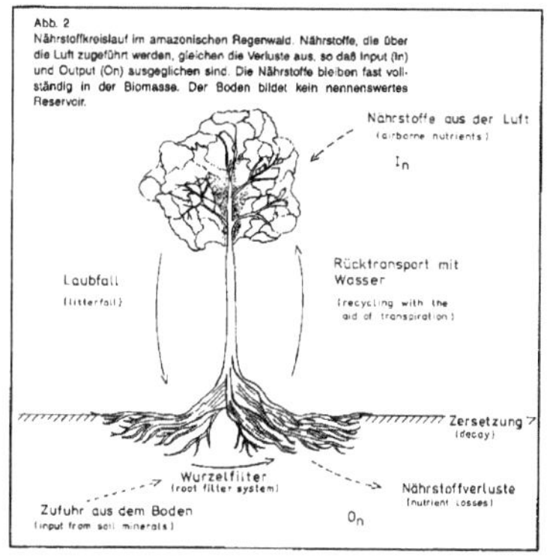

Quelle: Reichholf 1991, S. 58.

Abb. IV: Bodenprofile

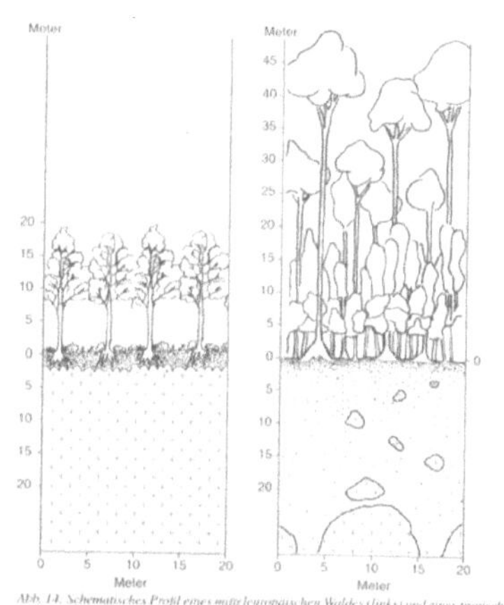

Quelle: Scholz 1998, S. 55.

Abb. V: Tagesablauf in den Tropen

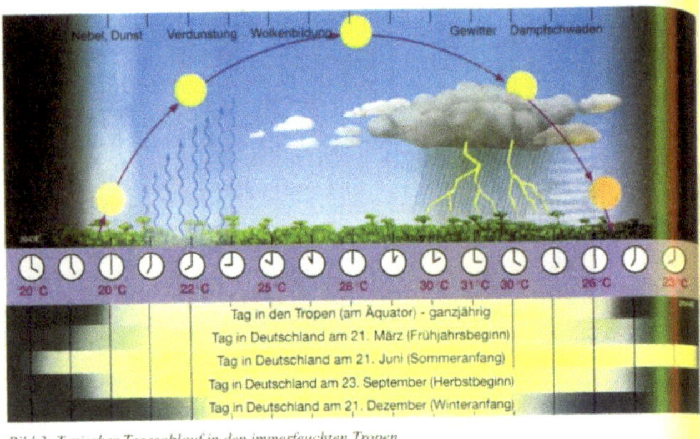

Bild 3: Typischer Tagesablauf in den immerfeuchten Tropen

Quelle: Scholz 1998, S. II.

Abb. VI: Eingriffe in den Regenwald

Quelle: Diercke Weltatlas, S. 213.